粮改饲—优质青贮行动计划（GEAF）

中国全株玉米青贮质量安全报告（2018）

全国畜牧总站
中国农业科学院北京畜牧兽医研究所　编

U0306007

中国农业科学技术出版社

图书在版编目（CIP）数据

中国全株玉米青贮质量安全报告.2018 / 全国畜牧总站，中国农业科学院北京畜牧兽医研究所编. —北京：中国农业科学技术出版社，2019.5

ISBN 978-7-5116-4036-9

Ⅰ.①中… Ⅱ.①全… ②中… Ⅲ.①青贮玉米—质量管理—安全管理—研究报告—中国—2018 Ⅳ.①S513

中国版本图书馆 CIP 数据核字（2019）第 020596 号

责任编辑	金　迪　崔改泵
责任校对	马广洋
出 版 者	中国农业科学技术出版社
	北京市中关村南大街12号　　邮编：100081
电　　话	（010）82109194（编辑室）（010）82109702（发行部）
	（010）82109709（读者服务部）
传　　真	（010）82106650
网　　址	http://www.CASTP.cn
经 销 者	各地新华书店
印 刷 者	北京地大天成印务有限公司
开　　本	889mm×1 194mm
印　　张	4.75
字　　数	66千字
版　　次	2019年5月第1版　　2019年5月第1次印刷
定　　价	98.00元

中国全株玉米青贮质量安全报告（2018）

编　委　会

编写人员

preface 前　言

　　粮改饲作为农业供给侧结构性改革的标志性工作之一，已经连续三年写入中央一号文件，《国民经济与社会发展第十三个五年规划纲要》明确提出了推广粮改饲和种养结合模式，发展农区畜牧业。粮改饲政策以推广青贮玉米的种植与养殖业高效利用为核心，适度引导玉米利用方式的转变，改籽实收储利用为全株玉米青贮利用，让玉米从跨区域销售转向就地利用，促进玉米优势产区向牛羊生产基地转变，有效减少牛羊等反刍动物优质粗饲料的供需缺口，降低生产成本，促进种养循环和产业提质增效。

　　全株玉米青贮是反刍动物重要的粗饲料来源，在青贮饲料中占有极其重要的地位。随着中国反刍动物养殖场规模化程度和精细化管理水平的逐步提高，以及牧场经营者们对饲料营养认识的深入，对全株玉米青贮量的需求越来越大、质量要求越来越高。优质全株玉米青贮的使用可以在保证牛羊营养和健康的同时降低牛羊日粮成本，增加养殖收益。近十年来，我国全株玉米青贮制作技术手段与方法等得到了很大改进，但很多地区在种、收、贮、用等技术环节仍存在诸多问题，如品种选择不合理、收获时机把握不准、切割长度和留茬高度不合理、压实密度不够等，造成质量参差不齐，利用效率不高。迫切需要从种植、调制、评价、利用等环节建立一套科学的优质青贮规范体系，指导生产和利用。

　　为全面掌握粮改饲试点地区全株玉米青贮质量状况，针对全株玉米青贮种、收、贮、用等环节存在的技术问题探索出切实可行的解决方案，在农业农村部畜牧兽医局指导下，全国畜牧总站和中国农业科学院北京畜牧兽医研究所与粮改饲试点省区的各级行政主管部门、技术推广单位和生产企业积极配合，在全国17个省区271个粮改饲试点县实施了全株玉米青贮质量跟踪评价工作。以本工作团队实测数据为基础，结合国家统计数据，对我国草食动物养殖现状、粮改饲试点省区青贮玉米种植情况、全株玉米青贮质量安全状况等方面进行分析，形成了粮改饲—优质青贮行动计划（GEAF）《中国全株玉米青贮质量安全报告（2018）》，旨在为提升全株玉米青贮品质、确保粮改饲项目实施效果、促进畜牧业高质量发展提供技术支撑和指导。

2018年中国全株玉米青贮质量安全报告

为深入做好粮改饲试点工作，农业农村部畜牧兽医局委托全国畜牧总站和中国农业科学院北京畜牧兽医研究所组织实施了粮改饲—优质青贮行动计划（GEAF）。2018年，我们对全国17个粮改饲试点省区的271个试点县享受粮改饲补贴的收贮主体，进行了全株玉米青贮质量跟踪评价，以期对粮改饲试点地区的全株玉米青贮质量有一个整体了解。共采集294个样品，检测34项质量安全指标，并结合GEAF评价的1 000个样品分析结果，形成了《中国全株玉米青贮质量安全报告（2018）》。

一、评价结果

从总体结果看，和美国相比，我国全株玉米青贮质量处于中等水平；从全国玉米种植区域看，全株玉米青贮质量由高到低顺序依次为黄淮海地区、东北地区、长江中下游地区、西北地区、西南地区和华南地区；从不同省区看，山东省和河北省全株玉米青贮质量整体好于其他省区；从不同养殖畜种看，奶牛场全株玉米青贮质量好于肉牛场和羊场；从不同饲养规模看，大型规模奶牛场全株玉米青贮质量最好。

（一）我国全株玉米青贮质量处于美国中等水平

我国全株玉米青贮中干物质（DM）含量、淀粉含量、30小时中性洗涤纤维消化率（30h NDFD）平均值分别为29.4%、28.1%和56.1%，比美国分别低20.1%、20.6%和0.5%；中性洗涤纤维（NDF）、灰分（Ash）含量平均值分别为47.7%、6.8%，比美国分别高23.9%和38.8%；pH值、乳酸含量、乙酸含量平均值为4.1、4.2%、2.2%，比美国分别高5.1%、27.3%和83.3%。从营养和发酵指标看，我国全株玉米青贮未达到优质青贮等级标准，还有很大提升空间（表1）。

（二）不同地域、不同养殖规模全株玉米青贮质量存在差异

由于物候和土壤等条件差异，黄淮海地区全株玉米青贮质量好于东北地区、长江中下游地区、西北地区、西南地区和华南地区（表2）；由于产业成熟度和社会化服务程度不同，奶牛养殖场全株玉米青贮质量普遍比肉牛和羊养殖场好，大型规模奶牛场优于中小型规模奶牛场（表3）。

（三）亚硝酸盐、黄曲霉毒素、铬含量存在超标现象

全国全株玉米青贮中亚硝酸盐、霉菌毒素、农药残留、重金属等指标平均值均低于国家标准限量值，但部分养殖专业合作社和养殖小区的亚硝酸盐、黄曲霉毒素B_1和铬含量均有超标现象，存在潜在的风险。

二、主要问题

跟踪粮改饲试点县全株玉米青贮收贮主体的质量状况表明，全株玉米青贮在种、收、贮、用等各环节存在一些问题。

一是种、收、贮、用各环节联系不够紧密。目前大型规模奶牛场在制作全株玉米青贮时，各环节兼顾的比较好，产品质量比较稳定。其他收贮主体很难兼顾到各个环节，很多都是种植户不管收贮，收贮又不使用。这是导致产品质量不稳定的主要原因之一。

二是缺乏全株玉米青贮技术规范。缺乏根据地域和气候条件筛选适宜品种、青贮收割时间与留茬高度、调制过程和动物饲喂环节的规范性技术标准。特别是西南等经济欠发达地区这一问题尤为突出。

三是缺乏技术推广示范专业技术人员。目前各地技术培训不够系统，碎片化现象比较严重，玉米青贮收贮时间比较集中，严重缺乏能提供现场指导的技术人员。

三、建议

进一步加大优质青贮行动计划（GEAF）的实施力度，在各个环节上要精准发力，近一段时间特别是在以下几个方面要有所突破。

一是大力宣传推广"以养定种、以畜定贮、种养结合"的观念，避免重视收贮"量"而轻"质量"的误区。

二是构建全株玉米青贮种、收、贮、用的技术规范体系和全株玉米青贮质量标准体系。组织专家根据不同养殖畜种、青贮种类和养殖规模，分区域制定技术指导措施，针对性解决实际存在的问题。

三是扩大跟踪评价全株玉米青贮质量范围，发挥示范基地引领和辐射带动作用，加大科普宣传和技术培训力度，以点带面逐步展开，科学引导种植、调制、评价和利用优质全株玉米青贮。

表1　中国全株玉米青贮质量与美国对比结果

指标	中国	美国[1]	与美国对比（%）	中国样品量（个）	美国样品量（个）
干物质 DM（%）	29.4	36.8	−20.1	294	55 287
中性洗涤纤维 NDF（%DM）	47.7	38.5	+23.9	294	53 090
中性洗涤纤维30小时消化率 30h NDFD（%DM）	56.1	56.4	−0.5	294	42 163
淀粉 Starch（%DM）	28.1	35.4	−20.6	294	52 704
灰分 Ash（%DM）	6.8	4.9	+38.8	294	46 896
pH值	4.1	3.9	+5.1	294	32 663
乳酸 Lactic acid（%DM）	4.2	3.3	+27.3	294	32 666
乙酸 Acetic acid（%DM）	2.2	1.2	+83.3	294	32 666

[1]数据来源：2018年美国Dairyland牧草分析实验室。

表2　不同区域全株玉米青贮质量对比结果

指标	黄淮海地区[1]	东北地区[2]	长江中下游地区[3]	西北地区[4]	西南地区[5]	华南地区[6]
干物质 DM（%）	31.2	28.9	28.8	28.9	28.0	28.4
淀粉 Starch（%DM）	32.5	27.3	27.1	26.1	25.7	21.2
中性洗涤纤维 NDF（%DM）	43.8	48.7	47.8	49.6	50.0	51.6
中性洗涤纤维30小时消化率 30h NDFD（%DM）	56.9	55.7	53.0	56.5	54.8	51.9
灰分 Ash（%DM）	6.6	6.6	7.5	7.1	6.7	8.4
pH值	4.0	4.0	4.1	4.1	4.2	4.0
乳酸 Lactic acid（%DM）	5.1	5.1	4.5	4.4	4.1	4.8
乙酸 Acetic acid（%DM）	2.0	2.0	3.1	2.3	2.3	2.8
每吨DM产奶当量（kg）	1 468.7	1 381.2	1 346.3	1 345.5	1 341.4	1 222.4

[1]黄淮海地区：山东、河北、河南；

[2]东北地区：黑龙江、吉林、辽宁、内蒙古东部；

[3]长江中下游地区：安徽；

[4]西北地区：陕西、山西、青海、甘肃、新疆、宁夏、内蒙古西部；

[5]西南地区：云南、贵州；

[6]华南地区：广西。

表3　不同规模奶牛场全株玉米青贮质量对比结果

指标	5 000头以上	3 000～5 000头	1 000～3 000头	100～1 000头	100头以下
干物质 DM（%）	31.1	30.0	30.0	29.9	27.0
淀粉 Starch（%DM）	32.7	29.4	30.1	29.5	20.2
中性洗涤纤维 NDF（%DM）	43.5	47.0	45.9	46.3	53.5
中性洗涤纤维30小时消化率 30h NDFD（%DM）	57.7	56.4	56.8	56.6	55.0
灰分 Ash（%DM）	6.4	6.4	6.6	6.7	7.8
pH值	4.0	4.0	4.0	4.0	4.2
乳酸 Lactic acid（%DM）	5.0	4.9	4.9	4.9	4.0
乙酸 Acetic acid（%DM）	2.0	2.2	2.1	2.4	2.4
每吨DM产奶当量（kg）	1 489.9	1 429.3	1 441.2	1 423.7	1 248.7

contents 目 录

一、中国草食动物养殖现状

为全面贯彻落实党中央、国务院加快农业"转方式、调结构"和推进农业供给侧结构性改革的决策部署，以牛、羊为主的草食畜牧业得到快速发展。一是畜产品产量持续增加，2017年，牛肉产量、羊肉产量分别达到634.6万吨、471.1万吨；二是养殖规模化程度持续提高，奶牛、肉牛、羊养殖规模化比重分别达到58.3%、17.7%、38.7%，草食家畜饲养规模化程度不断提高，对优质青贮饲料的需求持续增加，有力地促进了青贮饲料的发展。

（一）奶牛

规模养殖比重稳步上升，奶牛单产水平逐年提高。2017年，奶牛存栏量为1 079.8万头，奶牛存栏100头以上规模养殖比例为58.3%，同比提高6.0个百分点（图1-1）；牛奶产量为3 038.6万吨；随着规模化程度提高，全国荷斯坦奶牛单产水平逐年提高，年平均单产达6.8吨，同比增长6.3个百分点（图1-2）。

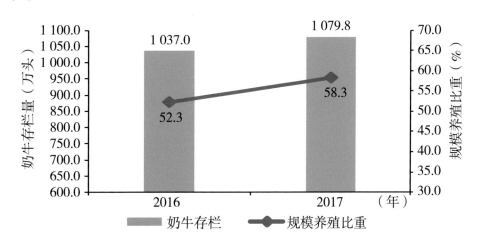

图1-1 2016—2017年全国奶牛存栏量和规模养殖比重变化情况

数据来源：《2018年中国农村统计年鉴》

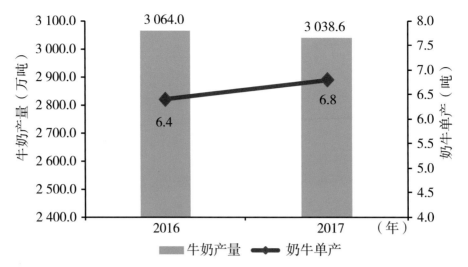

图1-2　2016—2017年全国牛奶产量和荷斯坦奶牛单产变化情况

数据来源：《2018年中国农村统计年鉴》和《2017年畜牧业发展形势及2018年展望报告》

（二）肉牛

肉牛规模养殖比重小幅提高。2017年，肉牛存栏量为6 617.9万头，出栏量100头以上规模养殖比例为17.7%，同比提高1.1个百分点（图1-3）；牛肉产量为634.6万吨，同比增加2.9个百分点（图1-4）。

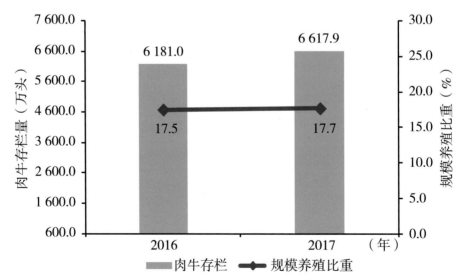

图1-3　2016—2017年全国肉牛存栏量和规模养殖比重变化情况

数据来源：《2018年中国农村统计年鉴》和《2018年中国畜牧业统计》

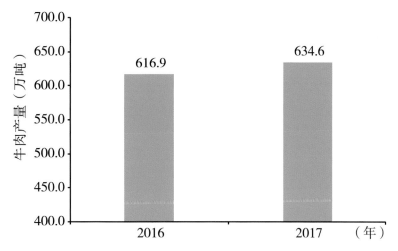

图1-4　2016—2017年全国牛肉产量变化情况

数据来源：《2018年中国农村统计年鉴》

（三）羊

养殖规模化程度稳步提高。2017年，羊存栏量为30 231.7万只，羊出栏量100头以上规模养殖比例为38.7%，同比提高2.1个百分点（图1-5）；羊肉产量为471.1万吨，同比增加2.3个百分点（图1-6）。

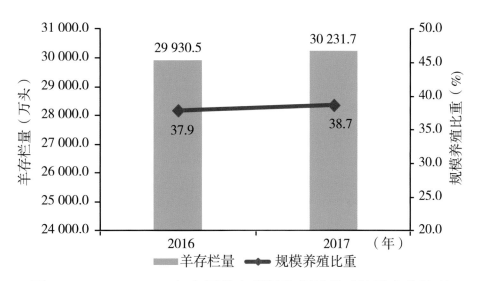

图1-5　2016—2017年全国羊存栏量和规模养殖比重变化情况

数据来源：《2018年中国农村统计年鉴》和《2018年中国畜牧业统计》

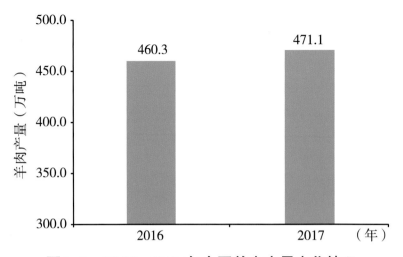

图1-6　2016—2017年全国羊肉产量变化情况

数据来源：《2018年中国农村统计年鉴》

二、粮改饲试点省区全株玉米青贮收贮现状[①]

（一）粮改饲试点地区全株玉米青贮收贮概况

自2015年粮改饲项目实施以来，粮改饲试点省区玉米青贮收贮量和收贮面积逐年增加。2017年，粮改饲试点地区全株玉米青贮总收贮量为3 429.8万吨，同比增加111.7%（图2-1）；总收贮面积为1 194.2万亩[②]，同比增加93.0%。

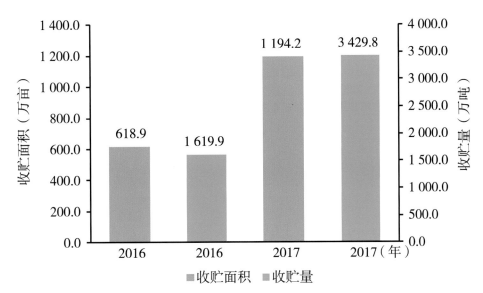

图2-1　2016—2017年粮改饲地区全株玉米青贮总收贮面积和总收贮量情况

（二）不同粮改饲省区全株玉米青贮收贮状况

2017年粮改饲试点省区全株玉米青贮收贮量和收贮面积同比明显增加。

---

① 数据来源于17个粮改饲试点省区。

② 1亩≈667m²，全书同。

其中，内蒙古①、河北、黑龙江3省区全株玉米青贮收贮面积占粮改饲试点省区总收贮面积的47.4%，同比增长63.1%（图2-2）；收贮量占粮改饲试点省区总收贮量的37.8%，同比增长88.4%（图2-3）。

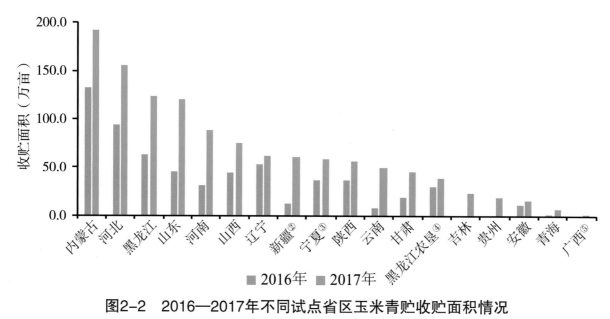

图2-2 2016—2017年不同试点省区玉米青贮收贮面积情况

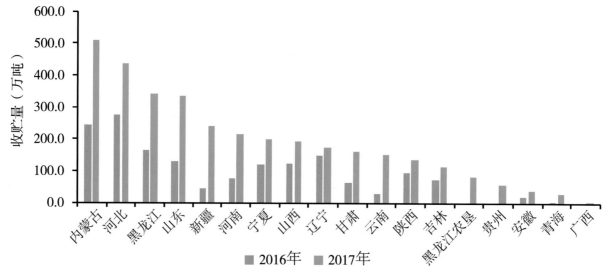

图2-3 2016—2017年不同试点省区玉米青贮收贮量情况

---

① 内蒙古自治区简称，全书同。

② 新疆维吾尔自治区简称，全书同。

③ 宁夏回族自治区简称，全书同。

④ 黑龙江农垦总局简称，全书同。

⑤ 广西壮族自治区简称，全书同。

三、中国全株玉米青贮质量状况

从总体结果看，我国全株玉米青贮质量与过去相比有了长足的进步，但与美国相比，我国全株玉米青贮质量处于美国中等水平；从全国不同区域看，黄淮海地区全株玉米青贮质量较好；从不同省区看，山东省和河北省全株玉米青贮质量较优；从不同畜种看，奶牛场全株玉米青贮质量好于肉牛场和羊场；从不同饲养规模看，大型规模奶牛场全株玉米青贮质量最好。

（一）中国全株玉米青贮质量现状

1. 中国全株玉米青贮质量概况

我国全株玉米青贮干物质（DM）、淀粉、中性洗涤纤维（NDF）、酸性洗涤纤维（ADF）、灰分（Ash）、pH值、乳酸、乙酸含量平均值分别为29.4%、28.1%、47.7%、29.6%、6.8%、4.1、4.2%、2.2%，接近优质全株玉米青贮标准（GEAF计划推荐标准，以下优质全株玉米青贮标准如无特殊标注均指该标准）；粗蛋白（CP）含量、30小时中性洗涤纤维消化率（30h NDFD）、氨态氮/总氮平均值分别为8.1%、56.1%、9.9%，高于优质全株玉米青贮标准。全国仅有10.2%的牧场青贮样品达到优质全株玉米青贮标准（表3-1）。

表3-1 中国全株玉米青贮质量总体状况

指标	全国	最小值	最大值	GEAF计划优质青贮推荐标准
DM（%）	29.4±3.3	20.6	37.1	30.0～35.0

（续表）

指标	全国	最小值	最大值	GEAF计划优质青贮推荐标准
淀粉（%DM）	28.1±8.3	9.2	43.3	≥30.0
NDF（%DM）	47.7±6.7	34.2	70.7	≤45.0
30h NDFD（%DM）	56.1±3.2	41.4	64.2	≥55.0
ADF（%DM）	29.6±4.4	20.9	42.9	≤25.0
Ash（%DM）	6.8±1.2	4.7	12.8	≤6.0
CP（%DM）	8.1±0.8	5.5	10.6	≥7.0
pH值	4.1±0.3	3.5	4.7	≤4.0
氨态氮/总氮（%）	9.9±2.2	3.6	15.5	≤10.0
乳酸（%DM）	4.2±1.3	2.2	8.9	≥4.8
乙酸（%DM）	2.2±0.8	0.2	4.5	≤1.6
泌乳净能（Mcal/kg）	1.5±0.1	1.1	1.7	/
维持净能（Mcal/kg）	1.6±0.2	1.1	1.8	/
增重净能（Mcal/kg）	1.0±0.1	0.6	1.2	/
每吨DM产奶当量（kg）	1 390.7±173.0	900.8	1 696.4	≥1 500.0
优质青贮牧场比例（%）				10.2%

注：GEAF计划优质青贮推荐标准由中国农业科学院北京畜牧兽医研究所制定。

2. 中国全株玉米青贮质量指标分布状况

（1）干物质

全国全株玉米青贮DM含量平均值为29.4%，未达到优质全株玉米青贮标准（30.0%≤DM含量≤35.0%）。59.2%样品的DM含量低于30.0%，其中有9.2%的样品低于25.0%；34.3%的样品DM含量介于30.0%~35.0%；6.5%样品的DM含量高于35.0%（图3-1）。

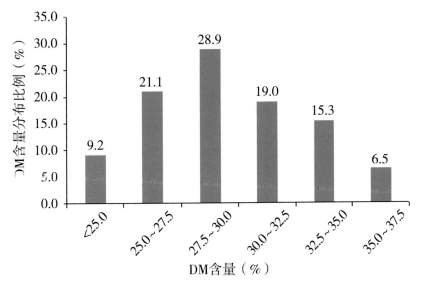

图3-1　中国全株玉米青贮DM含量分布情况

（2）淀粉

全国全株玉米青贮淀粉含量平均值为28.1%，未达到优质全株玉米青贮标准（淀粉含量≥30.0%）。50.7%的样品淀粉含量高于30.0%；30.3%的样品淀粉含量低于25.0%，其中10.2%的样品淀粉含量低于15.0%（图3-2）。

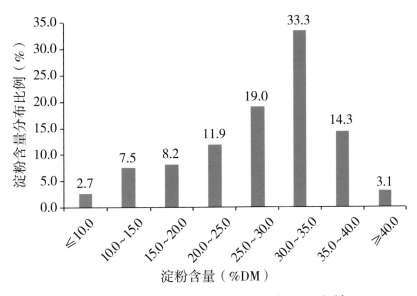

图3-2　中国全株玉米青贮淀粉含量分布情况

（3）中性洗涤纤维

全国全株玉米青贮NDF含量平均值为47.7%，未达到优质全株玉米青贮标准（NDF含量≤45.0%）。41.8%的样品NDF含量低于45.0%；58.2%的样品NDF含量高于45.0%，其中16.0%的样品NDF含量高于55.0%（图3-3）。

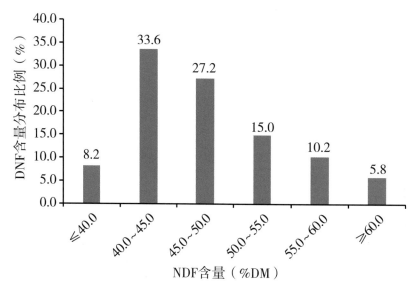

图3-3　中国全株玉米青贮NDF含量分布情况

（4）30小时中性洗涤纤维消化率

全国全株玉米青贮30h NDFD含量平均值为56.1%，达到优质全株玉米青贮标准（30h NDFD≥55.0%）。67.7%的样品30h NDFD高于55.0%，其中32.3%的样品30h NDFD高于58.0%（图3-4）。

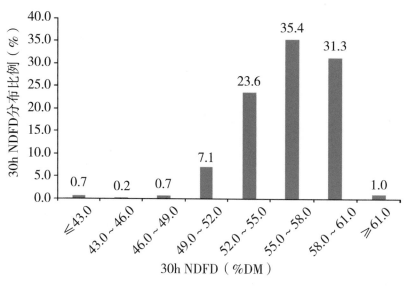

图3-4　中国全株玉米青贮30h NDFD分布情况

（5）灰分

全国全株玉米青贮Ash含量平均值为6.8%，未达到优质全株玉米青贮标准（Ash含量≤6.0%）。22.4%的样品Ash含量低于6.0%；77.6%的样品Ash含量高于6.0%，其中11.9%的样品灰分含量高于8.0%（图3-5）。

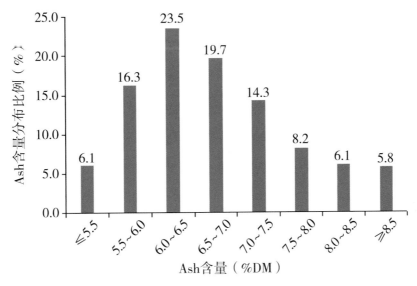

图3-5　中国全株玉米青贮Ash含量分布情况

（6）pH值

全国全株玉米青贮pH平均值为4.1，未达到优质全株玉米青贮标准（pH值≤4.0）。42.9%的样品pH值低于4.0；57.1%的样品pH值高于4.0，其中9.3%的样品pH值高于4.4（图3-6）。

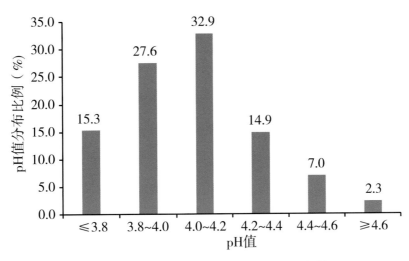

图3-6　中国全株玉米青贮pH值分布情况

（7）乳酸

全国全株玉米青贮乳酸含量平均值为4.2%，未达到优质全株玉米青贮标准（乳酸含量≥4.8%）。46.4%的样品乳酸含量高于4.8%；53.6%的样品乳酸含量低于4.8%，其中10.6%的样品乳酸含量低于3.0%（图3-7）。

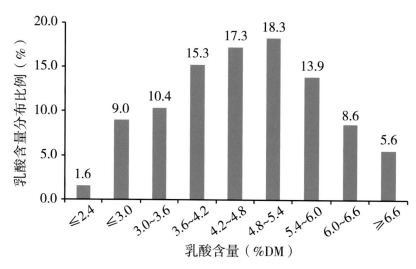

图3-7　中国全株玉米青贮乳酸含量分布情况

（8）乙酸

全国全株玉米青贮乙酸含量平均值为2.2%，未达到优质全株玉米青贮标准（乙酸含量≤1.6%）。21.3%的样品乙酸含量低于1.6%；78.7%的样品乙酸含量高于1.6%，其中22.2%的样品乙酸含量高于2.8%（图3-8）。

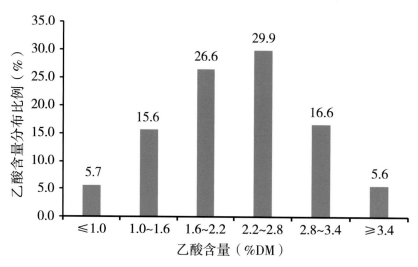

图3-8　中国全株玉米青贮乙酸含量分布情况

（9）每吨干物质产奶当量

全国全株玉米青贮每吨DM产奶当量平均值为1 390.7kg，未达到优质全株玉米青贮标准（每吨DM产奶当量≥1 500kg）。32.5%的样品每吨DM产奶当量高于1 500kg；67.5%的样品每吨DM产奶当量低于1 500kg，其中15.0%的样品每吨DM产奶当量低于1 200kg（图3-9）。

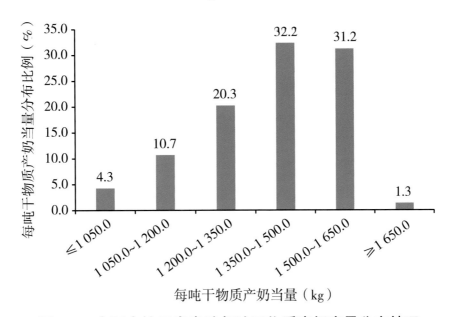

图3-9　中国全株玉米青贮每吨干物质产奶当量分布情况

（二）不同种植区域全株玉米青贮质量状况

由于黄淮海地区为平原，土地肥沃、雨热同期，适宜青贮玉米种植，且为奶牛主产省区，其全株玉米青贮质量优于东北地区、长江中下游地区、西北地区、西南地区和华南地区。黄淮海地区全株玉米青贮DM含量、淀粉含量、30h NDFD、乳酸含量、乳酸乙酸比、每吨DM产奶当量的平均值分别为31.2%、32.5%、56.9%、5.1%、2.6、1 468.7kg，高于东北地区、长江中下游地区、西北地区、西南地区和华南地区；NDF、ADF、Ash、pH值、乙酸含量平均值分别为43.8%、27.4%、6.6%、4.0、2.0%，均低于东北地区、长江中下游地区、西北地区、西南地区和华南地区（表3-2）。

表3-2 不同种植区域全株玉米青贮质量比较

指标	黄淮海地区[1]	东北地区[2]	长江中下游地区[3]	西北地区[4]	西南地区[5]	华南地区[6]
DM（%）	31.2	28.9	28.8	28.9	28.0	28.4
淀粉（%DM）	32.5	27.3	27.1	26.1	25.7	21.2
NDF（%DM）	43.8	48.7	47.8	49.6	50.0	51.6
30h NDFD（%DM）	56.9	55.7	53.0	56.5	54.8	51.9
ADF（%DM）	27.4	30.0	30.2	30.7	31.2	32.7
Ash（%DM）	6.6	6.6	7.5	7.1	6.7	8.4
pH值	4.0	4.0	4.1	4.1	4.2	4.0
乳酸（%DM）	5.1	5.1	4.5	4.4	4.1	4.8
乙酸（%DM）	2.0	2.0	3.1	2.3	2.3	2.8
乳酸乙酸比	2.6	2.6	1.5	2.1	1.9	1.9
泌乳净能（Mcal/kg）	1.52	1.46	1.44	1.43	1.43	1.35
维持净能（Mcal/kg）	1.65	1.57	1.54	1.55	1.54	1.43
增重净能（Mcal/kg）	1.04	0.97	0.94	0.95	0.94	0.84
每吨DM产奶当量（kg）	1 468.7	1 381.2	1 346.3	1 345.5	1 341.4	1 222.4

[1]黄淮海地区：山东、河北、河南；

[2]东北地区：黑龙江、吉林、辽宁、内蒙古东部；

[3]长江中下游地区：安徽；

[4]西北地区：陕西、山西、青海、甘肃、新疆、宁夏、内蒙古西部；

[5]西南地区：云南、贵州；

[6]华南地区：广西。

（三）不同省区全株玉米青贮质量状况

比较17个省区全株玉米青贮中DM、淀粉、DNF、30h NDFD、Ash、pH值、氨态氮/总氮、乳酸、乙酸、每吨DM产奶当量等指标，山东和河北地区的全株玉米青贮质量较好。

1. 干物质

全国全株玉米青贮DM含量平均值为29.4%，山东、宁夏、河北、河南、辽宁和山西6省区DM含量平均值高于全国平均水平，分别高出9.0%、7.8%、7.1%、3.8%和2.4%和0.9%，其中山东、宁夏、河北、河南、辽宁5省区DM含量达到了优质全株玉米青贮标准（图3-10）。

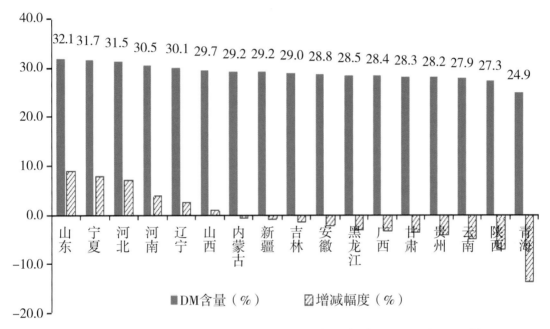

图3-10 不同省区全株玉米青贮DM含量与全国平均水平比较

2. 淀粉

全国全株玉米青贮淀粉含量平均值为28.1%。山东、河北、辽宁、河南、宁夏、内蒙古、陕西、黑龙江8个省区淀粉含量平均值高于全国平均水平，分别高出20.6%、20.2%、16.8%、16.2%、10.3%、4.0%、2.4%和1.2%，其中山东、河北、辽宁、河南、宁夏5省区淀粉含量达到了优质全株玉米青贮标准（图3-11）。

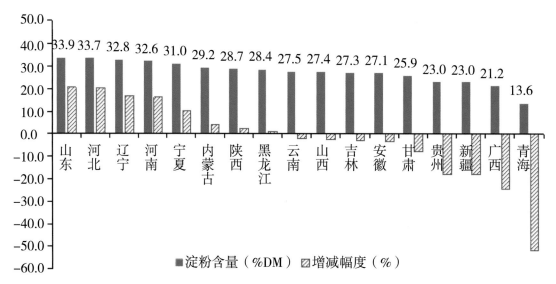

图3-11　不同省区全株玉米青贮淀粉含量与全国平均水平比较

3. 中性洗涤纤维

全国全株玉米青贮NDF含量平均值为47.7%，山东、河北、河南、宁夏、陕西、辽宁和黑龙江7省区NDF含量平均值低于全国平均水平，分别低11.7%、9.6%、7.6%、4.2%、2.1%、0.9%和0.5%，其中山东、河北、河南3省NDF含量达到了优质全株玉米青贮标准（图3-12）。

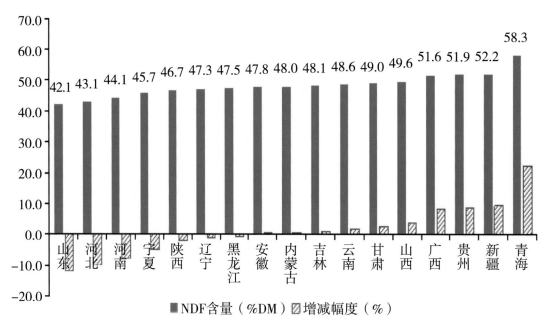

图3-12　不同省区全株玉米青贮NDF含量与全国平均水平比较

4. 30小时中性洗涤纤维消化率

全国全株玉米青贮30h NDFD平均值为56.1%，宁夏、陕西、辽宁、河北、甘肃、山东、河南、黑龙江、内蒙古和山西10省区30h NDFD平均值高于全国平均水平，分别高出3.6%、3.4%、3.4%、2.6%、2.4%、2.2%、1.3%、0.2%、0.2%、0%，另外宁夏、陕西、辽宁、河北、甘肃、山东、河南、黑龙江、内蒙古、山西、青海、吉林、云南13省区30h NDFD达到了优质全株玉米青贮标准（图3-13）。

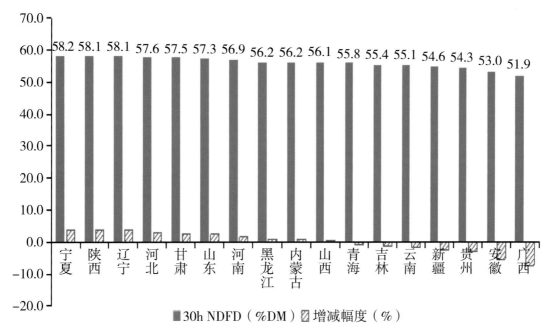

图3-13 不同省区全株玉米青贮30h NDFD与全国平均水平比较

5. 酸性洗涤纤维

全国全株玉米青贮ADF含量平均值为29.6%，河北、山东、河南、宁夏、辽宁、陕西、内蒙古、黑龙江和吉林9省区ADF含量平均值低于全国平均水平，分别低10.7%、9.6%、7.0%、6.0%、2.7%、1.7%、1.3%、0.6%、0.3%，但17省区全株玉米青贮ADF含量均未达到优质全株玉米青贮标准（图3-14）。

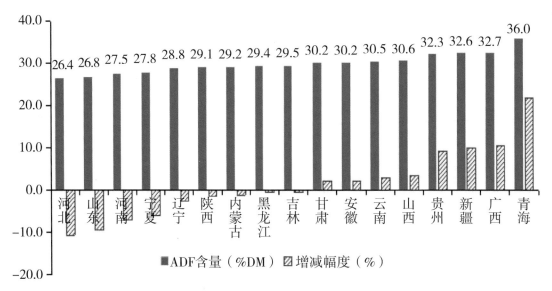

图3-14　不同省区全株玉米青贮ADF含量与全国平均水平比较

6. 灰分

全国全株玉米青贮Ash含量平均值为6.8%，内蒙古、黑龙江、宁夏、云南、河北、吉林、河南、辽宁和山东9省区Ash含量平均值低于全国平均水平，分别低9.4%、7.1%、5.5%、5.3%、5.1%、2.6%、2.1%、1.5%、0.1%，但17省区全株玉米青贮Ash含量均未达到优质全株玉米青贮标准（图3-15）。

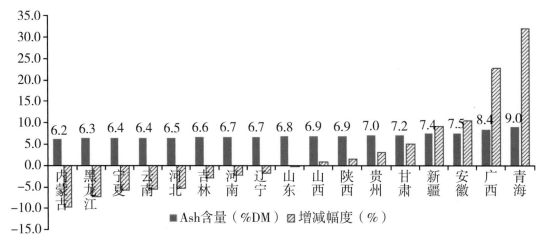

图3-15　不同省区全株玉米青贮Ash含量与全国平均水平比较

7. 粗蛋白

全国全株玉米青贮CP含量平均值为8.1%，青海、陕西、贵州、安徽、广西、云南、甘肃、河南、陕西、辽宁、宁夏11省区CP含量平均值高于全国平均水平，分别高17.7%、8.5%、6.6%、5.5%、4.6%、3.2%、2.7%、2.0%、2.0%、0.5%、0.5%，17省区全株玉米青贮CP含量全部达到优质全株玉米青贮标准（图3-16）。

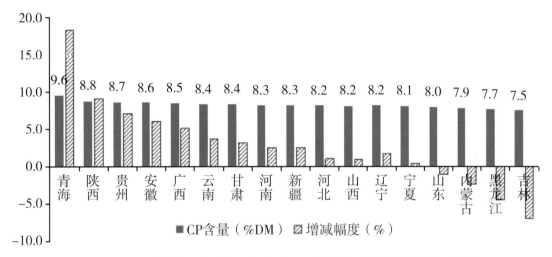

图3-16　不同省区全株玉米青贮CP含量与全国平均水平比较

8. pH值

全国全株玉米青贮pH平均值为4.1，黑龙江、吉林、河北、新疆、内蒙古、广西、辽宁和宁夏8省区pH平均值低于全国平均水平，分别低3.2%、2.7%、2.6%、2.1%、2.0%、1.2%和0.3%，均达到了优质全株玉米青贮标准（图3-17）。

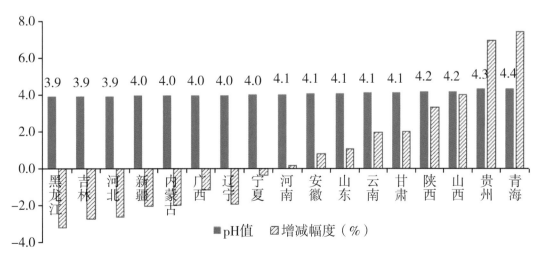

图3-17　不同省区全株玉米青贮pH值与全国平均水平比较

9. 氨态氮/总氮

全国全株玉米青贮氨态氮/总氮平均值为9.9%，青海、贵州、吉林、新疆、山西、甘肃、广西、内蒙古和辽宁9省区氨态氮/总氮平均值低于全国平均水平，均达到了优质全株玉米青贮标准（图3-18）。

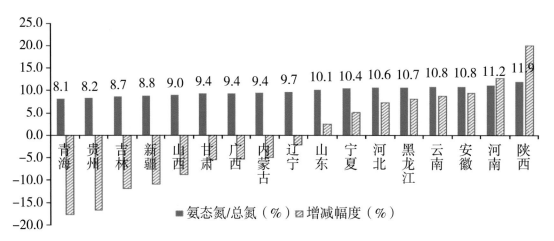

图3-18　不同省区全株玉米青贮氨态氮/总氮与全国平均水平比较

10. 乳酸

全国全株玉米青贮乳酸含量平均值为4.7%，黑龙江、新疆、河北、吉林、山东、甘肃和广西7省区乳酸含量平均值均高于全国平均水平，分别高20.7%、9.0%、7.2%、4.2%、3.7%、3.3%和2.5%，均达到了全株玉米青贮标准（图3-19）。

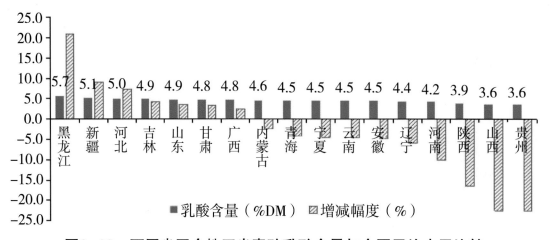

图3-19　不同省区全株玉米青贮乳酸含量与全国平均水平比较

11. 乙酸

全国全株玉米青贮乙酸含量平均值为2.2%，其中甘肃、山东、宁夏、吉林、内蒙古、黑龙江和贵州7省区乙酸含量平均值低于全国平均水平，分别低17.8%、14.4%、12.5%、10.8%、10.1%、7.6%和1.1%，但17省区全株玉米青贮乙酸含量均未达到优质全株玉米青贮标准（图3-20）。

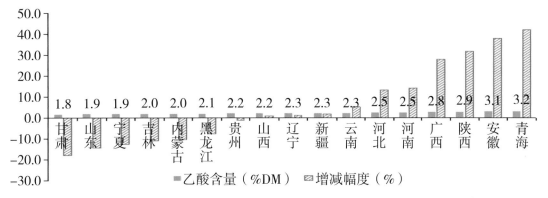

图3-20　不同省区全株玉米青贮乙酸含量与全国平均水平比较

12. 每吨干物质产奶当量

全国全株玉米青贮每吨DM产奶当量平均值为1 390.7kg，河北、山东、河南、宁夏、黑龙江、辽宁、内蒙古和陕西8省区每吨DM产奶当量平均值超过全国平均水平，分别高8.4%、6.8%、5.3%、5.0%、2.6%、2.3%、1.9%和1.0%，其中，仅河北省全株玉米青贮每吨DM产奶当量达到优质全株玉米青贮标准（图3-21）。

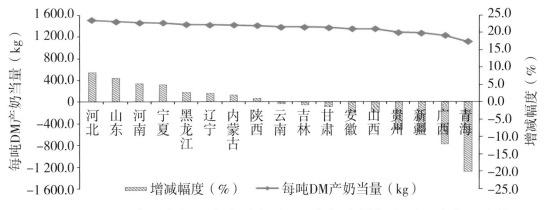

图3-21　不同省区全株玉米青贮每吨DM产奶当量与全国平均水平比较

（四）不同畜种养殖场全株玉米青贮质量状况

由于奶牛养殖规模化和标准化程度高、基础设施完善、青贮生产工艺水平高，其全株玉米青贮质量高于肉牛场和羊场。与肉牛场和羊场相比，奶牛场全株玉米青贮的DM含量平均值为30.1%，分别高6.4%和8.3%；NDF含量平均值为46.1%，分别低9.1%和10.3%；30h NDFD平均值为56.8%，分别高4.0%和5.4%；ADF含量平均值为28.5%，分别低9.8%和10.9%；淀粉含量平均值为29.9%，分别高22.5%和24.6%；Ash含量平均值分别低8.3%和13.1%；乳酸含量平均值为4.9%，分别高14.0%和19.5%；乙酸含量平均值为2.2%，分别低0%和8.3%；乳酸乙酸比平均值为2.5，分别高8.0%和20.0%（表3-3）。

表3-3　不同种类养殖场全株玉米青贮质量比较

指标	奶牛	肉牛	羊
DM（%）	30.1	28.3	27.8
淀粉（%DM）	29.9	24.4	24.0
NDF（%DM）	46.1	50.7	51.4
30h NDFD（%DM）	56.8	54.6	53.9
ADF（%DM）	28.5	31.6	32.0
Ash（%DM）	6.6	7.2	7.6
pH值	4.0	4.1	4.2
乳酸（%DM）	4.9	4.3	4.1
乙酸（%DM）	2.2	2.2	2.4
乳酸乙酸比	2.5	2.3	2.0
泌乳净能（Mcal/kg）	1.50	1.40	1.39
维持净能（Mcal/kg）	1.62	1.50	1.48
增重净能（Mcal/kg）	1.02	0.90	0.89
每吨DM产奶当量（kg）	1 434.6	1 302.7	1 283.0

（五）使用与未使用青贮添加剂全株玉米青贮发酵指标状况

青贮添加剂的使用有利于促进乳酸菌发酵，抑制有害菌生长，提高全株玉米青贮的发酵品质。使用青贮添加剂的全株玉米青贮pH值、乙酸含量平均值分别为4.0、2.2%，比未使用青贮添加剂分别降低4.8%、8.3%；使用青贮添加剂的全株玉米青贮乳酸含量、乳酸乙酸比平均值分别为5.0%、2.6，比未使用青贮添加剂分别提高7.2%、30.0%（图3-22）。

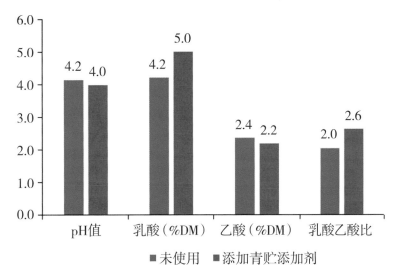

图3-22　使用与未使用青贮添加剂全株玉米青贮发酵指标比较

（六）不同规模奶牛场全株玉米青贮质量状况

奶牛存栏规模越大，其青贮设施设备、青贮加工工艺和管理水平越高，全株玉米青贮质量也越好。与养殖户（100头以下）相比，规模化奶牛场（100~1 000头、1 000~3 000头、3 000~5 000头和5 000头以上）全株玉米青贮DM含量平均值分别高10.7%、11.1%、11.1%、15.2%，NDF含量平均值分别低13.5%、14.2%、12.1%、18.7%，30h NDFD平均值分别高2.9%、3.3%、2.5%、4.9%，ADF含量平均值分别低12.5%、13.7%、

11.9%、17.9%，淀粉含量平均值分别高46.0%、49.0%、45.5%、61.9%，每吨DM产奶当量分别高14.0%、15.4%、14.5%、19.3%，乳酸含量平均值分别高22.5%、22.5%、22.5%、25.0%，乙酸含量平均值分别低0、12.5%、8.3%、16.7%。综合比较DM、淀粉、DNF、30h NDFD、ADF、Ash、pH值、乳酸、乙酸、每吨DM产奶当量等各项指标，结果表明，随着奶牛存栏规模的增加，全株玉米青贮质量整体水平提升，大型规模奶牛场玉米青贮质量最好（表3-4）。

表3-4　不同规模奶牛场全株玉米青贮质量比较

指标	100头以下	100~1 000头	1 000~3 000头	3 000~5 000头	5 000头以上
DM（%）	27.0	29.9	30.0	30.0	31.1
淀粉（%DM）	20.2	29.5	30.1	29.4	32.7
NDF（%DM）	53.5	46.3	45.9	47.0	43.5
30h NDFD（%DM）	55.0	56.6	56.8	56.4	57.7
ADF（%DM）	32.9	28.8	28.4	29.0	27.0
Ash（%DM）	7.8	6.7	6.6	6.4	6.4
pH值	4.2	4.0	4.0	4.0	4.0
乳酸（%DM）	4.0	4.9	4.9	4.9	5.0
乙酸（%DM）	2.4	2.4	2.1	2.2	2.0
乳酸乙酸比	1.8	2.2	2.3	2.5	3.4
泌乳净能（Mcal/kg）	1.36	1.49	1.50	1.49	1.54
维持净能（Mcal/kg）	1.45	1.61	1.63	1.62	1.67
增重净能（Mcal/kg）	0.87	1.01	1.02	1.01	1.06
每吨DM产奶当量（kg）	1 248.7	1 423.7	1 441.2	1 429.3	1 489.9

（七）中国全株玉米青贮质量分析

1. 根据GEAF优质青贮推荐标准，我国全株玉米青贮质量DM、淀粉含量偏低，Ash、NDF、ADF含量偏高。DM含量偏低主要与青贮玉米品种选择、收获过早有关；Ash、NDF、ADF含量偏高与青贮玉米品种、留茬高度过低等因素密切相关。

2. 我国全株玉米青贮质量乳酸偏低，乙酸偏高，且此情况主要集中在养殖小区和养殖专业合作社。主要是由于青贮条件有限、青贮调制技术不规范等因素造成的全株玉米青贮发酵品质较差。

3. 不同种植区域全株玉米青贮质量差异较大，黄淮海地区全株玉米青贮质量普遍优于东北地区、长江中下游地区、西北地区、西南地区和华南地区；各省区全株玉米青贮品质差异明显。主要与青贮玉米品种、栽培技术、收获时间、青贮加工处理方式及气候地理特征等因素有关。

4. 奶牛场全株玉米青贮质量优于肉牛场和羊场。规模化奶牛场与养殖户之间全株玉米青贮质量差异较大，主要由于养殖户种、收、贮等各个环节操作不规范，导致调制的全株玉米青贮质量差异较大。

（八）建议

一是强化"以养定种、以畜定贮、种养结合"的观念引导，避免重视收贮"量"而轻"质量"的误区。

二是构建全株玉米青贮种、收、贮、用的技术规范体系和全株玉米青贮质量标准体系，组织专家根据不同畜种和养殖规模的不同，分区域、分种类、分规模制定技术指导措施，针对性解决存在的实际问题。

三是扩大跟踪评价全株玉米青贮质量范围，发挥示范基地引领和辐射带头作用，加大科普宣传和技术培训，以点带面逐步展开，科学引导种植、调制、评价和利用优质玉米青贮。

四、中国全株玉米青贮安全状况

我国全株玉米青贮中亚硝酸盐、霉菌毒素、农药残留、重金属等指标平均值均低于国家标准，但部分牧场的亚硝酸盐、黄曲霉毒素B_1和铬含量存在超标现象。

（一）中国全株玉米青贮亚硝酸盐和霉菌毒素污染状况

1. 亚硝酸盐

亚硝酸盐是常见的天然有毒有害物质，也是公认的强致癌物质。植物类饲料中的亚硝酸盐含量都很低，但在一定条件下硝酸盐会转化为亚硝酸盐（如贮存不当或处理方法不当），全株玉米青贮中硝酸盐的积累主要取决于收获前的环境条件，刈割、施肥等农业技术措施会影响植物中硝酸盐的积累。

全国全株玉米青贮亚硝酸盐检出平均值为7.2mg/kg，低于国家标准。但部分牧场仍存在亚硝酸盐超标现象，超标率为3.8%（表4-1）。

表4-1　全国全株玉米青贮亚硝酸盐检测情况

	平均值 （mg/kg）	最大值 （mg/kg）	最小值 （mg/kg）	国家限量标准[1] （mg/kg）	超标率 （%）
亚硝酸盐	7.2	24.6	2.1	15	3.8

[1]国家限量标准：参照GB 13078—2017饲料卫生标准。

2. 霉菌毒素

饲料在田间生长、收获过程以及贮存过程中都有可能受到霉菌毒素污染。牛羊采食含有一定水平霉菌毒素的青贮饲料后，会引起消化道、肝脏系统病变，影响机体健康，进一步影响牛奶质量安全。

我国全株玉米青贮黄曲霉毒素B_1、玉米赤霉烯酮、T_2毒素、伏马毒素（B_1+B_2）检出平均值分别为0.8μg/kg、25.2μg/kg、2.5μg/kg、447.9μg/kg，均远低于国家标准。但少数牧场全株玉米青贮黄曲霉毒素B_1高于国家标准，超标率为1.0%（表4-2）。

表4-2　全国全株玉米青贮霉菌毒素检测情况

类别	平均值（μg/kg）	最大值（μg/kg）	最小值（μg/kg）	国家限量标准[1]（μg/kg）	超标率（%）
黄曲霉毒素B_1	0.8	40.2	0	30	1.0
玉米赤霉烯酮	25.2	747.0	0	1 000	0
T_2毒素	2.5	179.8	0	500	0
伏马毒素（B_1+B_2）	447.9	3 902.0	0	60 000	0

[1]国家限量标准：参照GB 13078—2017饲料卫生标准。

（二）中国全株玉米青贮农药残留状况

由于农药大量和不合理使用所造成的环境污染以及残留对人体健康造成的危害不断加剧，这一问题已越来越受到社会的高度关注和重视。我国全株玉米青贮甲胺磷、甲拌磷、乙酰甲胺磷、氧化乐果、乐果、久效磷、毒死蜱检出平均值分别为0.4μg/kg、0μg/kg、0μg/kg、0μg/kg、0μg/kg、0μg/kg、0.4μg/kg，均远低于国家标准，且各牧场均未出现超标现象（表4-3）。

表4-3　全国全株玉米青贮农药残留检测情况

类别	平均值（μg/kg）	最大值（μg/kg）	最小值（μg/kg）	国家限量标准[1]（μg/kg）	超标率（%）
甲胺磷	0.4	22.3	0	50	0
甲拌磷	0	0	0	50	0

（续表）

类别	平均值 （μg/kg）	最大值 （μg/kg）	最小值 （μg/kg）	国家限量标准[1] （μg/kg）	超标率 （%）
乙酰甲胺磷	0	0	0	20	0
氧化乐果	0	0	0	50	0
乐果	0	0	0	50	0
久效磷	0	0	0	20	0
毒死蜱	0.4	28.5	0	50	0

[1]国家限量标准：参照GB 13078—2017饲料卫生标准。

（三）中国全株玉米青贮重金属污染状况

玉米具有富集重金属的能力，甚至可作为重金属污染土壤修复的植物。全国全株玉米青贮重金属含量检测结果显示，铅、镉、铬、砷、汞检出的平均值分别为0.1mg/kg、0mg/kg、1.2mg/kg、0.2mg/kg、0mg/kg，均远低于国家标准，但部分牧场全株玉米青贮存在铬超标现象，超标率为3.8%（表4-4）。

表4-4　全国全株玉米青贮重金属含量检测情况

类别	平均值 （mg/kg）	最大值 （mg/kg）	最小值 （mg/kg）	国家限量标准[1] （mg/kg）	超标率 （%）
铅	0.1	3.2	0	10	0
镉	0	0	0	1	0
铬	1.2	8.6	0	5	3.8
砷	0.2	0.6	0.03	2	0
汞	0	0	0	0.1	0

[1]国家限量标准：参照GB 13078—2017饲料卫生标准。

（四）中国全株玉米青贮安全分析

我国部分牧场存在亚硝酸盐、黄曲霉毒素B_1、铬含量超标现象，存在潜在的风险，但处于可控范围内。这与各地气候及土壤环境、玉米青贮的种植、收割、制作和贮存等因素密切相关。

（五）建议

一是加强优质全株玉米青贮生产技术指导与培训。根据不同区域、不同畜种、不同规模针对性制定优质全株玉米青贮生产技术指导措施，开展相关技术培训，消除全株玉米青贮安全风险。

二是对全株玉米青贮存在潜在安全风险的省区应重点关注。针对重点关注省区应扩大监测范围，增加监测数量，加大亚硝酸盐、黄曲霉毒素B_1和铬含量监测力度。

五、2019年中国全株玉米青贮质量安全工作重点

（一）扩大检测范围，全面掌握全国玉米青贮质量安全状况

2018年开展了全国17个省区271个粮改饲试点县的检测工作，试点县覆盖率为60%，为全面掌握全国青贮质量安全状况，需要进一步扩大采样范围，增加样品数量和品种数量，开展全国17个省区试点县全覆盖采样。

（二）加强安全监测，保障全株玉米青贮质量安全

2018年，部分牧场全株玉米青贮中亚硝酸盐、黄曲霉毒素B_1和铬含量存在超标现象，存在潜在的风险。因此，下一步将重点加强监测全株玉米青贮质量超标的省区，保障全株玉米青贮质量安全。

（三）发展优质青贮，提高青贮质量水平

为配合粮改饲政策落地，2018年8月，全国畜牧总站和中国农业科学院北京畜牧兽医研究所联合启动实施了"优质青贮行动计划（GEAF）"。优质青贮技术推广服务团队将通过在粮改饲17个省区筛选50个示范点，建立优质青贮行动示范基地，从种植、调制、评价、利用等环节建立科学实用的优质青贮GEAF技术规范体系，以解决青贮在种、收、贮、用等技术环节存在的实际问题，提升青贮品质，促进畜牧业高质量发展。

（四）加大推广粮改饲，建立种养结合的共赢机制

粮改饲主要采取以养带种的方式推动种植结构调整，促进玉米等饲料作物种植，收获加工后以青贮产品形式由牛羊等草食家畜就地转化，形成草畜有机结合，产业间相互促进的机制，既可降低养殖成本，又能保障优质饲草料常年均衡供应，促进种植和养殖的提质增效。

因此，全国应大力发展粮改饲项目，推进养殖业转型走产业间融合发展的道路，实现双赢、多赢的发展模式。

附件1

粮改饲—优质青贮行动计划（GEAF）

1 目的

为解决全株玉米青贮种、收、贮、用等技术环节存在的实际问题，全国畜牧总站和中国农业科学院北京畜牧兽医研究所联合组织实施粮改饲—优质青贮行动计划（GEAF），旨在提升玉米青贮品质，确保粮改饲实施效果，促进畜牧业高质量发展。

2 组织管理

粮改饲—优质青贮行动计划（GEAF）在农业农村部畜牧业司指导下，由全国畜牧总站和中国农业科学院北京畜牧兽医研究所具体组织实施，粮改饲试点省区各级畜牧行政主管部门和技术推广单位与生产企业配合。技术推广协调办公室设在全国畜牧总站饲料行业指导处，人员由全国畜牧总站饲料行业指导处和中国农业科学院北京畜牧兽医研究所反刍动物营养创新团队相关人员共同组成。

3 实施内容

3.1 技术推广服务团队

由畜牧技术推广单位、科研院所、高校、牧场及企业等专业技术人员组成优质青贮技术推广服务团队，各省区委派1名联络员。技术推广服务团队以示范基地为中心，开展GEAF技术集成、技术服务、技术指导和技术培训等。

3.2　建立优质青贮行动计划示范基地

在粮改饲17个省区筛选52个示范点，建立优质青贮行动计划示范基地。筛选原则如下：

3.2.1　每个粮改饲试点省区（包括黑龙江农垦）推荐2～4个示范基地；示范基地必须是粮改饲补贴主体。

3.2.2　示范基地涵盖不同养殖规模主体和专业收贮主体。奶牛存栏不低于1 000头，年单产不低于9吨；肉牛存栏不低于300头；羊存栏不低于1 000只；专业收贮主体年收贮量不低于3万吨。

3.3　创建优质青贮GEAF规范体系

根据不同地区、不同积温带的特点，从种植、调制、评价、利用各个环节建立适宜的优质青贮GEAF规范体系，指导青贮生产和推广应用。种植（Growing）：绿色高效青贮种植关键技术，包括青贮品种筛选、田间种植技术、田间管理技术；调制（Ensiling）：优质青贮调制关键技术，包括收获时间判断、收刈技术、青贮运输、青贮发酵技术、压实、封窖技术；评价（Assessment）：优质青贮质量评价体系，包括青贮感官指标、营养指标、发酵指标、卫生指标、有氧稳定性、籽实破碎指数评价等；利用（Feeding）：优质青贮高效利用技术，包括青贮取料技术、淀粉利用率评价、TMR日粮配制技术。

3.4　示范推广

以示范基地为中心，开展青贮种植关键技术、调制关键技术、质量评价体系和高效利用技术标准的示范观摩，并在粮改饲试点县推广优质青贮GEAF规范体系，提高青贮品质，确保粮改饲实施效果。

附件2

中国全株玉米青贮样品的采集与评价指标

1 中国全株玉米青贮样品采集情况

1.1 采样数量

在粮改饲17个省区455个试点县中，按60%试点县随机抽样，合计271个试点县，累计检测294批次全株玉米青贮样品。其中河北27批次、山西17批次、内蒙古11批次、辽宁7批次、吉林17批次、黑龙江69批次、安徽7批次、山东23批次、河南26批次、广西5批次、贵州13批次、云南19批次、陕西11批次、甘肃14批次、青海3批次、宁夏8批次、新疆17批次。

1.2 采集对象

规模化养殖场、养殖小区及青贮饲料专业生产企业。

1.3 采样方法及流程

全株玉米青贮样品由优质青贮技术推广服务团队进行采样。具体采样方法、采样流程由中国农业科学院北京畜牧兽医研究所制定。

2 中国全株玉米青贮样品评价指标与方法

2.1 评价指标

2.1.1 质量指标

（1）营养指标：干物质（DM）、粗蛋白（CP）、中性洗涤纤维（NDF）、30小时中性洗涤纤维消化率（30h NDFD）、酸性洗涤纤维

（ADF）、淀粉、灰分（Ash）。

（2）发酵指标：pH值、氨态氮/总氮、乳酸、乙酸。

（3）能量指标：泌乳净能、维持净能、增重净能。

（4）每吨DM产奶当量。

2.1.2　安全卫生指标

（1）亚硝酸盐。

（2）霉菌毒素：黄曲霉毒素B_1、玉米赤霉烯酮、伏马毒素B_1、伏马毒素B_2、T_2毒素。

（3）重金属：铅、砷、汞、镉、铬。

（4）农药残留：甲胺磷、乙酰甲胺磷、氧化乐果、乐果、甲拌磷、毒死蜱、久效磷。

2.2　检测方法

2.2.1　质量指标

质量指标采用近红外光谱法分析（中国农业科学院北京畜牧兽医研究所，2018）。

2.2.2　安全卫生指标

安全指标的检测方法参照现有饲料中相应参数的检测方法，具体参照检测方法如下：

（1）亚硝酸盐：比色法。参照GB/T 13885动物饲料中亚硝酸盐的测定。

（2）霉菌毒素：参照国家饲料质量监督校验中心（北京）饲料中37种霉菌毒素测定标准操作指导书，液相色谱串联质谱法。

（3）重金属：砷、汞是采用原子荧光法测定，铅、镉、铬采用原子吸收火焰法测定。参考标准如下：

GB/T 13080—2004　饲料中铅的测定方法

GB/T 13079—2006　饲料中总砷的测定方法

GB/T 13088—2006 饲料中铬的测定

GB/T 13081—2006 饲料中汞的测定

GB/T 13082—1991 饲料中镉的测定方法

（4）农药残留：气相色谱—质谱法。参照GB 23200.10—2016食品安全国家标准　桑枝、金银花、枸杞子和荷叶中488种农药及相关化学品残留量的测定。

附件3

全株玉米青贮技术规范

粮改饲作为农业供给侧结构性改革的标志之一，已经连续三年写入中央一号文件，《国民经济与社会发展第十三个五年规划纲要》明确提出了推广粮改饲和种养结合模式，发展农区畜牧业。粮改饲政策以推广青贮玉米的种植与养殖业高效利用为核心，适度引导玉米利用方式的转变，改籽实收储利用为全株玉米青贮利用，让玉米从跨区域销售转向就地利用，促进玉米优势产区向牛羊生产基地转变，有效减少牛羊等反刍动物饲草料的供需缺口，大幅降低生产成本。

为切实做好粮改饲工作，推进质量兴农，提升青贮品质，在农业农村部畜牧兽医局指导下，全国畜牧总站和中国农业科学院北京畜牧兽医研究所联合实施粮改饲—优质青贮行动计划（GEAF），从种植（Growing）、调制（Ensiling）、评价（Assessment）、利用（Feeding）四个关键环节，科学指导青贮生产和推广应用。

种植（Growing）

1　范围

本标准规定了青贮玉米的玉米品种选择、栽培和田间管理技术。

本标准适用于青贮玉米的种植。

2 规范性引用文件

下列文件对于本文件的应用是必不可少的。凡是注日期的引用文件，仅所注日期的版本适用于本文件。凡是不注日期的引用文件，其最新版本（包括所有的修改单）适用于本文件。

GB 5084 农田灌溉水质标准

GB/T 8321（所有部分）农药合理使用准则

NY/T 496 肥料合理使用通则

DB14/T 954 青贮玉米栽培技术规程

3 术语、定义与分类

下列术语和定义适用于本文件

3.1 青贮玉米 silage corn

指在适宜收获期内收获包括果穗在内的地上全部绿色植株，经切碎、加工，适宜用青贮发酵的方法来制作青贮饲料，用来饲喂牛、羊等草食牲畜的一种玉米。

4 品种选择

4.1 品种选择

选用生物产量高，营养品质优良，抗逆、抗病虫好，通过国家或省审定的青贮玉米品种。

4.2 筛选标准

4.2.1 品质和生物产量

粗蛋白含量≥7%，淀粉含量≥28%，中性洗涤纤维含量≤45%；区域试验和生产试验生物产量比青贮玉米对照品种平均不减产。

4.2.2 稳产性、适应性

每年区域试验、生产试验生物产量增产试验点率≥50%。

4.2.3 抗倒性

每年区域试验、生产试验倒伏倒折率之和≤8.0%，或每年平均倒伏倒折率之和不高于对照。

4.2.4 抗病性

东华北中晚熟春玉米类型区：大斑病、茎腐病田间自然发病和人工接种鉴定均未达到高感。

黄淮海夏玉米类型区：小斑病、茎腐病、弯孢叶斑病、南方锈病田间自然发病和人工接种鉴定均未达到高感。

西南春玉米类型区：纹枯病、大斑病、小斑病、茎腐病田间自然发病和人工接种均未达到高感。

5 栽培

5.1 播种时期

春播，当5～10cm土层温度稳定在10℃以上时播种，夏播在前茬作物收获后力争早播。南方春播一般是2月下旬至4月上旬播种，黄淮海春播时间一般是3月下旬至5月上旬播种，东华北、西北春播一般在4月中下旬至5月上旬。夏播分早夏播和晚夏播，早夏播一般在油菜、小麦收获后5月中旬至6月中旬播种；晚夏播的播种时间一般在6月20日以前。

5.2 播种密度

一般根据品种的特征、特性决定播种密度。种植密度一般为4 000～6 000株/亩。密度简易公式为：$667m^2÷（行距m×株距m）=x$株/亩。建议播种数比预期保苗数增加10%～15%。

5.3 整地

春播前可在秋季深耕20cm以上或深松30cm以上，耕层深度一致，达到地面平整、土壤细碎。土壤水肥较好、土质松软或夏播时，可少耕或不耕。

5.4 施肥

采用侧深施肥，做好种肥隔离，距离种子横向隔离5～7cm，纵向隔离8～10cm，每亩施含量45%复合肥（N15P15K15）35～40kg，肥料应符合NY/T 496的要求。

6 田间管理

6.1 定苗

间苗一般在3～4叶期进行，原则是间密留稀，间弱留壮，缺苗地方及时补苗。

6.2 除草

苗前除草：播种后1～3d内，进行全封闭除草，一般每公顷用40%的"氯乙胺异丙胺三嗪"类药剂3～3.5kg和50%的"氯代乙酰替苯胺"类药剂2kg，对水500kg喷施，最好在小雨前喷洒或雨后马上喷洒。

苗后除草：出苗后，2～5叶前可使用硝磺草酮类除草剂去除杂草，5叶后不宜使用除草剂，采用人工去除杂草。

6.3 病虫害防治

常见害虫有蚜虫、玉米螟等，常见的病害有玉米斑病、锈病等，可采用化学防治措施。药剂使用按照GB/T 8321的要求进行防治。

6.4 水肥管理

根据降水量和土壤墒情，及时浇水。大喇叭口期追施尿素15～20kg/亩。抽雄至灌浆期遇旱10～15d浇水一次，收割期禁止施肥、打药。灌溉水质符合GB 5084的要求。

调制（Ensiling）

1　范围

本标准规定了全株玉米青贮的术语与定义、贮前准备、收刈、切割破碎、装填与压窖、封窖和贮后管理。

本标准适用于全株玉米青贮的生产。

2　规范性引用文件

下列文件对于本文件的应用是必不可少的。凡是注日期的引用文件，仅所注日期的版本适用于本文件。凡是不注日期的引用文件，其最新版本（包括所有的修改单）适用于本文件。

GB/T 22141 饲料添加剂　复合酸化剂通用要求

GB/T 22142 饲料添加剂　有机酸通用要求

GB/T 22143 饲料添加剂　无机酸通用要求

NY/T 1444 微生物饲料添加剂技术通则

NY/T 2698 青贮设施建设技术规范　青贮窖

3　术语和定义

3.1　全株玉米青贮 whole corn silage

将新鲜全株玉米收获调制后，置于密闭条件下，通过乳酸菌等微生物厌氧发酵作用制成的饲料。

3.2　青贮窖 bunker silo

以砌体结构或钢筋混凝土结构建成的青贮设施。

3.3　青贮添加剂 silage additives

用于改善青贮饲料发酵品质，减少养分损失的添加剂。

4 贮前准备

4.1 青贮窖设计原则

4.1.1 青贮窖容量

青贮窖容量根据饲养规模来定，青贮窖设施建设参照NY/T 2698规定执行。

4.1.2 青贮窖清理

青贮前，清理青贮设施内杂物。清理后用酸液（过氧乙酸0.3%）彻底消毒，隔天后用碱液（NaOH 1.5%）彻底消毒一遍，或使用消毒液一次性消毒，或太阳暴晒3d。

4.1.3 青贮窖密闭检查

青贮前检查青贮窖的密封状况，及时修补破损部分。

4.1.4 检修各类机械设备，使其良好运转。

4.1.5 墙壁使用阻氧膜，铺到窖底地面50cm以上。

5 刈割

5.1 收割时间

适宜的收获期为蜡熟期，乳线在1/2～2/3，含水量为65%～70%。

5.2 留茬高度

留茬高度不低于15cm，不得带入泥土等杂物。推荐留茬高度为25cm。

5.3 切碎

5.3.1 切割长度

切割长度为1.5～2.5cm。通过宾州筛对全株青贮玉米原料进行实时监测，及时调整收割机器（附表3-1）。

附表3-1　全株玉米青贮宾州筛使用参考标准

筛层	孔径（mm）	颗粒大小（mm）	玉米青贮（%）
上层	19	>19	3~8
中层	8	8~19	45~65
下层	4	4~8	30~40
底层	–	<4	<5

5.3.2　籽粒破碎度

要求玉米破碎籽实度达95%，70%籽粒破碎度小于1/3完整籽粒大小。

6　装填与压窖

6.1　装窖

每层装填厚度15~20cm进行压实，干物质含量越高其每层装填越薄。

6.1.1　楔形装窖

快速装窖，楔形分段装填。从切碎到进窖不宜超过8小时。

6.1.2　平铺装窖

48小时完成封窖的，可采用平铺装窖方式。

6.2　添加剂

添加剂使用符合GB/T 22141、GB/T 22142、GB/T 22143、NY/T 1444的规定。

6.3　压窖

采用坡面压实的方式，坡面最佳角度为30°仰角。最好采用"U"形压窖法。

6.3.1　窖贮

压窖设备应与装窖数匹配（附表3-2），计算公式如下：

$$压窖设备数量=\frac{当日青贮到货量}{设备自重\times 当日工作时间\times 1.75}$$

6.3.2 堆贮

压窖设备应与装窖数匹配（附表3-2），计算公式如下：

$$压窖设备数量=\frac{当日青贮到货量}{设备自重\times 当日工作时间\times 1.25}$$

附表3-2 装载机自重参数

	设备名称	自重（t）
轮式装载机	20装载机	6.5～6.6
	30装载机	10～11
	50装载机	16～17
	60装载机	19.5～20.5
	185装载机	22～23
	220装载机	31～33

6.4 压窖速度

压窖设备行驶速度≤3km/h。

6.5 压实密度

玉米青贮压实密度保证控制在650kg/m^{3}以上（附表3-3）。

附表3-3 不同干物质含量对应压实密度

干物质含量（%）	以干物质为基础的压实密度（kg/m^3）	以鲜重为基础的压实密度（kg/m^3）
30	225	750
35	250	715
40	275	688

6.6　封窖

6.6.1　青贮原料装满高出窖边沿30～60cm，中间高于两侧即可封窖。

6.6.2　上层使用黑白膜，黑面朝里，白面朝外。墙膜与顶膜、顶膜与顶膜接头处重叠1.5～2.0m，并使用胶带黏合。

6.6.3　用轮胎密压，保证轮胎密度大于1个/m^2，两侧窖边可用沙袋进行压实。

7　贮后管理

经常检查青贮设施密封性，及时补漏。顶部出现积水及时排出。

<h2 style="text-align:center">评价（Assessment）</h2>

1　范围

本标准规定了全株玉米青贮的感官品质分级标准、营养品质分级标准、发酵品质分级标准、综合评价。

本标准适用于全株玉米青贮质量评价。

2　规范性引用文件

下列文件对于本文件的应用是必不可少的。凡是注日期的引用文件，仅所注日期的版本适用于本文件。凡是不注日期的引用文件，其最新版本（包括所有的修改单）适用于本文件。

GB/T 6432 饲料中粗蛋白质测定方法

GB/T 6435 饲料中水分的测定

GB/T 10468 水果和蔬菜产品pH值的测定方法

GB/T 20194 饲料中淀粉含量的测定　旋光法

GB/T 20195 动物饲料　试样的制备

GB/T 20806 饲料中中性洗涤纤维（NDF）的测定

GB/T 25882 青贮玉米品质分级

GB/T 13078 饲料卫生标准

NY/T 1459 饲料中酸性洗涤纤维的测定

3 术语和定义

3.1 30h中性洗涤纤维消化率 neutral detergent fiber digestibility for 30 hours（30h NDFD）

饲料中中性洗涤纤维通过体外发酵30h所消化的部分占原样中中性洗涤纤维的百分比。

4 技术要求

4.1 卫生标准要求

全株玉米青贮卫生指标应符合GB/T 13078的要求。

4.2 感官品质分级标准

感官品质分级应符合附表3-4的规定。应称取500g样品，均匀放置在不透明的白色瓷盘中，并保持室内空气的流通。气味、色泽、质地、籽实破碎度四项指标分数之和为全株玉米青贮的感官评分（S1）。

附表3-4 感官品质分级标准

气味（25分）	色泽（25分）	质地（25分）	籽粒破碎度（25分）
酸香味，无丁酸味（20~25）	黄绿色，淡绿色（20~25）	松散柔软、不黏手（20~25）	无可见完整籽实（18~25）
醋酸味较强，酸香味较弱（14~19）	黄褐色，淡褐色或淡黄色（14~19）	柔软、水分稍干或稍湿（14~19）	整理籽实1~2个，半粒籽实很少（10~17）
刺鼻酸味，丁酸味颇重（6~13）	墨绿色、黄色或淡黄褐色（6~13）	略带黏性（6~13）	整粒籽实超过3个，半粒籽实多（1~9）

（续表）

气味（25分）	色泽（25分）	质地（25分）	籽粒破碎度（25分）
腐烂味、霉烂味，有很强的丁酸味（0~5）	严重变色，褐色或黑色（0~5）	腐烂发黏、结块或干燥（0~5）	无籽实（0）

优81~100分、良61~80分、中41~60分、差0~40分

4.3 营养品质分级标准

营养品质分级应符合附表3-5的规定，干物质、粗蛋白、中性洗涤纤维、30h中性洗涤纤维消化率、酸性洗涤纤维、淀粉六项指标分数之和为全株玉米青贮的营养评分（S2）。

附表3-5 营养品质分级标准

干物质，%（20分）	中性洗涤纤维，%DM（20分）	30h中性洗涤纤维消化率，%DM（20分）	酸性洗涤纤维，%DM（10分）	淀粉，%DM（20分）	粗蛋白，%DM（10分）
30~35（16~20分）	≤45（16~20分）	≥55（16~20分）	≤25（9~10分）	≥30（16~20分）	≥8（8~10分）
28~30或35~37（11~15分）	45~50（11~15分）	50~55（11~15分）	25~28（6~8分）	25~30（11~15分）	≥7（5~7分）
25~28或37~40（6~10分）	50~55（6~10分）	45~50（6~10分）	28~30（3~5分）	15~25（6~10分）	≥7（5~7分）
<25或>40（0~5分）	>55（0~5分）	<45（0~5分）	>30（0~2分）	<15（0~5分）	<7（0~4分）

优81~100分、良61~80分、中41~60分、差0~40分

4.4 发酵品质分级标准

发酵品质分级应符合附表3-6的规定，pH值、氨态氮/总氮、乳酸、乙

酸、丁酸五项指标中分数之和为全株玉米青贮的发酵评分（S3）。

附表3-6　发酵品质分级标准

pH值 （20分）	氨态氮/总氮，% （30分）	乳酸，%DM （20分）	乙酸，%DM （15分）	丁酸，%DM （15分）
≤4 （16~20分）	≤10 （22~30分）	≥4.8 （16~20分）	≤1.6 （12~15分）	0 （15分）
4~4.2 （11~15分）	10~12 （16~21分）	4.5~4.8 （11~15分）	1.6~2.2 （8~11分）	≤0.1 （9~14分）
4.2~4.4 （6~10分）	12~15 （8~15分）	4.0~4.5 （6~10分）	2.2~2.8 （5~7分）	0.1~0.2 （6~8分）
>4.4 （1~5分）	>15 （1~7分）	<4.0 （1~5分）	>2.8 （1~4分）	>0.2 （1~5分）
优81~100分、良61~80分、中41~60分、差0~40分				

5　综合评价

综合评分包括感官评分、营养评分和发酵评分，规定感官评分占总分30%，营养评分占总分40%，发酵评分总分30%。按式1计算综合评分。根据综合评分将青贮品质等级判定为优（81~100分）、良（61~80分）、中（41~60分）、差（0~40分）。

式1：综合评分=S1×30%+S2×40%+S3×30%

6　测定方法

6.1　取样方法

样品采集参考附录A。

6.2　试样制备

营养指标分析样品制备，按照GB/T 20195规定执行。

发酵指标分析样品制备，将青贮样品用切刀或剪刀切成0.2～0.5cm长，称取20.00g于200mL具塞三角瓶中，加入180mL蒸馏水，摇匀，置于4℃冰箱浸提24h，并不时摇动，用滤纸过滤，得到试样浸提液。

6.3 干物质测定

按照GB/T 6435规定执行

6.4 粗蛋白质含量测定

按照GB/T 6432规定执行。

6.5 中性洗涤纤维含量测定

按照GB/T 20806规定执行。

6.6 30h中性洗涤纤维消化率测定

体外发酵法测定30h中性洗涤纤维消化率，参考附录B。

6.7 酸性洗涤纤维含量测定

按照NY/T 1459规定执行。

6.8 淀粉含量测定

按照GB/T 20194规定执行。

6.9 pH值测定

按照GB/T 10468规定执行。

6.10 氨态氮/总氮测定

苯酚—次氯酸盐显色法测定青贮中氨态氮/总氮含量，参考附录C。

6.11 有机酸含量测定（乳酸、乙酸、丁酸、总酸）

气相色谱法测定青贮中有机酸含量，参考附录D。总酸为乳酸、乙酸、丙酸和丁酸之和。

利用（Feeding）

1 范围

本标准规定了全株玉米青贮的取用、饲喂和安全。

本标准适用于全株玉米青贮的利用。

2 规范性引用文件

下列文件对于本文件的应用是必不可少的。凡是注日期的引用文件，仅所注日期的版本适用于本文件。凡是不注日期的引用文件，其最新版本（包括所有的修改单）适用于本文件。

NY/T 3049　奶牛全混合日粮生产技术规程

DB64/T 757　肉牛全混合日粮（TMR）调制饲喂技术规范

DB64/T 1476　肉羊全混合日粮（TMR）调制饲喂技术规范

3 术语和定义

3.1 全混合日粮 total mixed ration（TMR）

根据牛羊营养需要和饲料原料的营养价值，科学合理设计日粮配方，将选用的饲料原料按照一定的比例通过专用的搅拌机械进行切割、混合搅拌而制成的一种营养平衡的全混合饲料日粮。

4 开窖与取用

4.1 开窖

封窖后，一般经过45天便可进行取用，使用异性乳酸菌添加剂，60天后开窖。牧场可根据自身需求选择开窖时间。

4.2　取料

使用青贮取料机取料，按青贮窖横截面自上而下切取，截面垂直整齐，每日进度大于30cm。

5　饲喂

5.1　饲喂方法

5.1.1　采用全混合日粮（TMR）方式饲喂

TMR制作方法参照NY/T 3049、DB64/T 757、DB64/T 1476规定执行。

5.1.2　饲喂次数

全天自由采食。奶牛饲喂次数不少于3次，肉牛、肉羊饲喂次数不少于2次。

5.2　饲喂量

综合评定青贮品质，结合种类、体重、年龄、生产性能、体况和生理阶段等因素，确定青贮饲喂量（附表3-7、附表3-8、附表3-9）。

附表3-7　奶牛饲喂推荐量

生理阶段	体重（kg）	产奶量（kg/d）	青贮推荐饲喂量（kg/d）
泌乳期	350	15～20	15～20
泌乳期	350～400	≥20	20
泌乳期	500	≥25	25
泌乳期	500	≥30	30
干奶期			15～20
育成期			5～10

附表3-8　肉牛每100kg体重青贮饲喂推荐量

种类	饲喂推荐量（kg/d）
成年育肥牛	4～5

附表3-9　肉羊饲喂推荐量

阶段	体重（kg）	经典配方组成
育肥阶段	20～30	50%全株玉米青贮+20%苜蓿干草+30%精料补充料
育肥阶段	30～40	45%全株玉米青贮+15%苜蓿干草+40%精料补充料

6　安全

6.1　禁止饲喂霉变或劣质青贮，冰冻的青贮饲料则应等到冰融化后再饲喂。

6.2　保持青贮窖环境卫生。

6.3　注意取料安全。

附录A
（规范性附录）
全株玉米青贮采样方法

A.1　采样材料

塑料桶、乳胶手套、记号笔、记录本、真空袋、手持式真空包装机、圆桶式青贮采样器、扫帚、冰袋、泡沫箱。

A.2　采样流程

A.2.1　记录采样标记

样品袋做好标记，写明牧场名称，采样时间，采样人。

A.2.2　确定采样点

采用青贮窖顶层采样。

取样点位置：选取在离青贮窖/墙、青贮堆边缘、青贮取料面等边界2m以上，采样点之间间距＞2m距离。

取样点数量：每个青贮窖（堆）取3个取样点。

A.2.3　采样点切口

在清洁后的采样点表面，使用采样刀以采样点为顶点，割出边长为15cm的两条直角边 ↑ 。

A.2.4　采样

先用采样器将上层0～30cm青贮取出，称重，记录重量，然后将样品搁置在一旁，用于采样完成后回填。

用采样器将30～60cm处青贮取出，装入干净的采样用塑料桶，称重，记录重量。

A.2.5　装袋

将塑料桶中从三个采样点采取的所有青贮样品，均匀混合在一起。装1大袋和4小袋，大袋样品约2kg，小袋样品约500g。将五个样品袋中空气抽干净，密封。

A.2.6　填充采样洞

样品采集结束后，回填采样洞，采样洞填充高度略高于周边青贮料高度。

A.2.7　密封采样口

盐（NaCl）均匀地撒在填充后的采样口表层，用力按压确保每处都黏合好。

A.2.8　样品装箱

已经准备好的冰袋平铺在保温箱（泡沫箱）一层，样品放入泡沫箱内一层，之后再铺一层冰袋。铺设原则：每铺一层样品铺一层冰袋，最后在顶层铺一层冰袋。

A.2.9　泡沫箱密封

将泡沫箱封盖，用胶带密封。最后根据样品检测机构推荐的运输方法将样品运出，及时跟踪样品运输状态。

A.2.10　运输和储存

若3天内预计可送达，泡沫冷藏箱中加冰块（样品重和冰块重>1∶1）。若运输时间长于3天，泡沫冷藏箱中加干冰［干冰即固态二氧化碳，样品重和干冰重比为1∶（0.5～1）］冷冻贮存。

A.3　注意事项

A.3.1　采集样品时，为防止二次发酵，尽量缩短暴露空气中时间。

A.3.2　清理采样器。使用毛巾擦拭采样桶与采样器，青贮料里含有大量乳酸及挥发性脂肪酸，容易腐蚀采样器具，应清洗干净，晾干后收存。

附录B
（资料性附录）
30h中性洗涤纤维消化率的测定

B.1　试剂

按照比例配制缓冲液：准确称取1.00g碳酸氢氨（NH_4HCO_3）、8.75g碳酸氢钠（$NaHCO_3$）、1.55g磷酸二氢钾（KH_2PO_4）、1.43g磷酸氢二钠（Na_2HPO_4）、0.52g硫化钠（Na_2S）、0.15g硫酸镁（$MgSO_4 \cdot 7H_2O$）、0.002g氯化钴（$CoCl \cdot 6H_2O$）、0.015g氯化锰（$MnCl_2 \cdot 4H_2O$）、0.017g氯化钙（$CaCl_2 \cdot 2H_2O$）、0.012g氯化铁（$FeCl_3 \cdot 6H_2O$）和1.25mg刃天青，将上述试剂溶解于1 000ml的蒸馏水中，混合均匀，将高纯CO_2缓慢通入

溶液底部，直至pH值到6.8，试验前预热至39℃。

B.2　仪器

B.2.1　发酵瓶（100mL）

B.2.2　CO_2钢瓶

B.2.3　水浴恒温培养箱

B.2.4　pH计

B.3　瘤胃液采集

于晨饲前1h通过瘤胃瘘管采集瘤胃液，混合后装于保温瓶（保温瓶内装39℃的热水预热处理），密封好后迅速带回实验室，用4层纱布过滤，过滤同时通入CO_2，整个操作置于39℃水浴中进行，直至接种完毕。

B.4　接种

准确称取0.5g饲料样品于150mL厌氧发酵瓶中。接种前向每个瓶中持续通入CO_2 5s，接种时迅速将每个瓶中加入预热的液体培养基50mL和经4层纱布过滤的新鲜瘤胃液25mL，向瓶中持续通入CO_2 5s后，立即加上瓶塞，盖紧橡胶塞及铝盖并用压杆器压紧瓶口，将发酵瓶放于39℃恒温培养箱中发酵。

B.5　降解率测定

发酵30h，取出发酵瓶，震荡、经300目尼龙袋过滤。

用蒸馏水冲洗上述过滤降解残渣，直至水澄清，65℃下烘干至恒重（约48h）。饲料降解率按以下公式计算：

$$P = 100 \times \left(1 - \frac{A}{B}\right)$$

式中：P——30h中性洗涤纤维降解率，单位为百分比（％）。

A——残渣中中性洗涤纤维重量，单位为克（g）。

B——放入发酵瓶中的样品中性洗涤纤维重量，单位为克（g）。

附录C
（资料性附录）
氨态氮/总氮含量的测定

C.1 试剂

C.1.1 亚硝基铁氰化钠（$Na_2[Fe（CN）_5 \cdot NO]_2 \cdot H_2O$）

C.1.2 结晶苯酚（C_6H_5O）

C.1.3 氢氧化钠（$NaOH$）

C.1.4 磷酸氢二钠（$Na_2HPO_6 \cdot 7H_2O$）

C.1.5 次氯酸钠（$NaClO$）：含活性氯5.25%

C.1.6 氯化铵NH_4Cl

C.1.7 苯酚显色剂

称取0.1g亚硝基铁氰化钠、20g结晶苯酚，蒸馏水定容至2L，溶液放入棕色瓶中2～10℃避光保存，保质期6个月。

C.1.8 次氯酸盐试剂

称取10g氢氧化钠、75.7g磷酸氢二钠溶于蒸馏水中。待冷却后。加100mL次氯酸钠混匀后定容于2L，溶液使用滤纸过滤后2～10℃避光保存，保质期6个月。

C.1.9 氨标准储备液

准确称取1.004 5g氯化铵溶于适量蒸馏水中，用稀盐酸调节pH值至2.0，用蒸馏水定容于1L，得到含氨浓度为32mg/dL的标准储备液。

C.2 仪器

C.2.1 分光光度计

C.2.2 恒温水浴锅

C.2.3 移液枪：100μL、1mL、5mL

C.3 测定步骤

C.3.1 标准曲线的建立

用蒸馏水稀释氨标准储备溶液，得到氨态氮浓度分别为：32mg/dL、16mg/dL、8mg/dL、4mg/dL、2mg/dL、1mg/dL和0mg/dL的系列标准液。取系列标准工作液各40μL至贴好标签的试管中，依次加入2.5mL苯酚显色液、2mL次氯酸盐试剂。注意加入每种试剂后均要混匀。将样品放置37℃水浴中发色30min。冷却后，使用分光光度计在波长550nm测定吸光度。以吸光度和标准液浓度为坐标轴建立标准曲线。

C.3.2 样品的检测

向每支试管中加入40μL正文中所述制备青贮浸出液，按检测步骤测定样本液的吸光度。

C.3.3 水分测定

按GB/T 6435的规定执行。

C.3.4 总氮的检测

按GB/T 6432的规定执行。

C.3.5 结果计算

氨态氮的含量按以下公式进行计算

$$W = \frac{C \times N \times (180 + m \times D)}{m \times M}$$

式中：W——氨态氮含量，单位为占总氮的质量百分比（总氮%）。

C——样液的浓度，单位为毫克每分升（mg/dL）。

N——稀释倍数。

D——样品的水分含量，单位为百分比（%）。

M——试样的总氮含量，单位为占鲜样的质量百分比（鲜样%）。

m——制取青贮液时样品重量，单位为克（g）。

附录D
（资料性附录）
气相色谱法测定青贮中有机酸含量

D.1 试剂和材料

乳酸、乙酸、丙酸、丁酸标准品，超纯水，15%高碘酸溶液。

D.2 仪器

气相色谱仪：火焰离子化检测器（FID）。

D.3 测定程序

D.3.1 上机前处理

取正文中所述制备青贮浸出液1mL于1.5mL离心管中，加入0.4mL 15%高碘酸溶液，以10 000r/min离心10min，取上清液上机分析。

D.3.2 气相色谱条件

色谱柱：2.0m×3.9mm不锈钢柱，内填充0.171～0.149mm粒度的Porapak Q；柱温：210℃；气化室温度：220℃；检测器温度：230℃；载气：氮气，柱前压0.26MPa；焰气：氢气，0.05MPa；空气：0.25MPa；进样量：2.0μL。

D.3.3　采用外标法定量

D.3.4　水分测定

按GB/T 6435的规定执行。

D.3.5　结果计算

青贮中VFA和乳酸含量按以下公式计算：

$$X = \frac{C \times (180 + m \times D) \times M}{m}$$

式中：X——VFA和乳酸含量，单位为百分比（%）。

　　C——外标法得到试样中乙酸、丙酸、丁酸或乳酸的量浓度，单位为微摩尔每毫升（μmol/mL）。

　　D——样品的水分含量，单位为百分比（%）。

　　M——乙酸、丙酸、丁酸或乳酸的摩尔质量，单位为克每摩尔（g/mol）。

　　m——制取青贮液时样品重量，单位为克（g）。

附录E
（规范性附录）
优质全株玉米青贮质量推荐标准

E.1　优质全株玉米青贮质量的推荐值见表E.1。

表E.1　优质全株玉米青贮质量推荐标准

指标	DM（%）	CP（%DM）	NDF（%DM）	30h NDF（%DM）	ADF（%DM）
优质标准	30.0~35.0	≥7.0	≤45.0	≥55.0	≤25.0

指标	淀粉（%DM）	Ash（%DM）	pH值（%）	氨态氮/总氮（%）	乳酸（%DM）
优质标准	≥30.0	≤6.0	≤4.0	≤10.0	≥4.8

指标	乙酸（%DM）	丁酸（%DM）	每吨DM产奶当量（kg）
优质标准	≤1.6	0	≥1 500.0

中英文对照

中文全称	英文全称	英文缩写
干物质	Dry matter	DM
粗蛋白	Crude protein	CP
中性洗涤纤维	Neutral detergent fiber	NDF
酸性洗涤纤维	Acid detergent fiber	ADF
中性洗涤纤维消化率	Neutral detergent fiber digestibility	NDFD
灰分	Ash	Ash

鸣谢合作单位

河北省农业农村厅草原与饲料处

山西省农业农村厅畜牧兽医局

内蒙古自治区农牧厅畜牧处

辽宁省农业农村厅畜牧产业发展处

吉林省畜牧业管理局饲料饲草处

黑龙江省农业农村厅畜牧处

安徽省农业农村厅畜牧处

山东省畜牧兽医局畜牧处

山东省畜牧总站

河南省畜牧局畜牧处

广西壮族自治区农业农村厅畜牧与饲料处

贵州省农业农村厅畜牧发展处

云南省农业农村厅畜牧兽医处

云南省草山饲料工作站

陕西省农业农村厅畜牧处

甘肃省农业农村厅畜牧处

青海省农业农村厅畜牧业处

宁夏回族自治区农业农村厅畜牧兽医局

新疆维吾尔自治区畜牧兽医局畜牧处

黑龙江省农垦总局畜牧兽医局

黑龙江省农垦畜牧兽医研究所

国家饲料质量监督检验中心（北京）

中国农业科学院饲料研究所

黑龙江省兽药饲料监察所

黑龙江八一农垦大学

山东宝来利来生物工程股份有限公司

武汉科立博牧业科技有限公司